危险　小朋友不要靠近我

纪京京　编著

金盾出版社

内 容 提 要

本书包括五个部分：交通安全、健康饮食、家庭生活、课外预防和意外应急。通过讲述发生在孩子身边的危险故事，用图解的方式来加强小朋友在家或者外出玩耍时自我防护的意识。

图书在版编目(CIP)数据

危险　小朋友不要靠近我/纪京京编著 . -- 北京 : 金盾出版社，2013.1
ISBN 978-7-5082-7953-4

Ⅰ.①危… Ⅱ.①纪… Ⅲ.①安全教育—儿童读物 Ⅳ.①X956-49

中国版本图书馆 CIP 数据核字(2012)第 255264 号

金盾出版社出版、总发行

北京太平路 5 号(地铁万寿路站往南)
邮政编码：100036　电话：68214039　83219215
传真：68276683　网址：www.jdcbs.cn
北京凌奇印刷有限责任公司印刷、装订
各地新华书店经销
开本：787×1092　1/16　印张：3.5
2013 年 1 月第 1 版第 1 次印刷
印数：1～6 000 册　定价：15.00 元

(凡购买金盾出版社的图书，如有缺页、
倒页、脱页者，本社发行部负责调换)

前言

　　孩子的安全，已经成为父母日常生活中谈论最多的话题。生活中，父母对孩子的照顾是无微不至的，然而，随着孩子们的不断成长，强烈的好奇心与新鲜感驱使着他们不断地对周围的事物进行探索与感知。在他们的成长过程中，或多或少都会遇到一些危险情况。所以，孩子非常有必要学会如何防范危险。

　　为了给孩子一个足够安全的成长历程，家长最好的办法就是告诉孩子们那些不能触碰的危险，尽最大努力去让宝贝们自己主动地避免伤害，避开危险，这样才能给予孩子真正的安全。

　　本书以图文并茂的形式，通过父母的讲述，通过生动的插图，让孩子们身临其境地去感受、去聆听，从而提高孩子们对外来侵害、突发事件等危险的警惕性，同时也树立孩子的自我防范意识，掌握一定的安全小常识。

　　谨以此书，献给那些为了孩子的安全而绞尽脑汁的父母们。

目 录

尽管中国汽车拥有量仅占全球的百分之一点九，但每年因交通事故死亡的人数占全世界的二成。其中，中小学生和儿童占死亡人数的三成左右。多数儿童有在马路玩耍的经历，还有的不走人行横道等等，所有这些都成为儿童交通安全的隐患。

防患于未然，关注儿童交通安全，是年轻父母必修的课程。

外出

小朋友在外出时要走人行道，横穿马路时一定要走斑马线；有红绿灯的路口，要谨记红灯停、绿灯行；如果有过街天桥和地下通道，就一定要走过街天桥和地下通道。

读一读
人行道
斑马线
红绿灯
过街天桥
地下通道

东张西望

在小区内行走要注意前后观看，主动避让自行车、摩托车和汽车。

读一读
自行车
摩托车
汽车

跨栏危险

钻跨护栏很危险，不能养成坏习惯，靠边行走最安全。

避免意外

　　在马路上踢足球、玩滑板以及追逐嬉戏是非常危险的，很容易造成交通意外。

读一读　踢足球　玩滑板

文明乘车

乘坐公共汽车时，要抓紧护栏和座椅扶手，要文明乘车，不可在车上打闹、嬉戏。

黄色安全线

乘坐地铁时，应听从指挥，站在黄线外候车，不可越过黄线走上月台或将头手伸出月台外东张西望。

读一读 地铁月台

右侧安全

乘坐出租车上下车时，应由右侧的车门上下车。

不乱丢垃圾

乘车时，小朋友也要养成爱护环境的好习惯，不要将垃圾丢出车外，这样会砸到路上的行人或车辆。

报警求助

　　遇到交通事故时，请及时拨打122报警求救；不要围观，配合交通民警执法。

危险的座位

12岁以下或身高不足1.4米的小朋友不可坐副驾驶座位。

爸爸妈妈我爱你

酒精会使人动作迟钝、反应减慢，容易发生车祸，小朋友应提醒爸爸妈妈"喝酒不开车，开车不喝酒"。

交通安全日

　　每年的12月2日是"交通安全日"，提醒小朋友要注意交通安全。

说到吃东西，我们的孩子可能是最挑剔的食客，父母的职责就是要保证孩子从婴儿期到6岁期间获得成长发育所需的营养，满足其身体、心智和情感快速成长发育的需要。

健康饮食

小朋友要养成饭前洗手的好习惯，安静进餐，不挑食，不吃汤泡饭，进餐前后不能做剧烈运动。

读一读 饭前洗手 不挑食 剧烈运动

就餐

用餐时不玩闹嬉笑，要细嚼慢咽食物。

读一读 细嚼慢咽

清淡的滋味

饮食要注意清淡，少食刺激性食物。

新鲜

　　食物要新鲜、自然、健康，以家庭烹制的饭菜最好，少吃商场的成品食物，不宜生吃、凉拌食物。

读一读
健康
饭菜

择食

　　要选择新鲜卫生的食物，烧熟煮透，不吃隔夜隔顿或污染的饭菜点心。

影响食欲

　　小朋友不要养成喝过多饮料的习惯，它会降低胃液消化力和杀菌力，影响正常食欲。

果皮果核

小朋友在吃整粒的瓜子、花生、豆等带壳带核的食物时要留神。

卫生

不随意去无证摊贩处购买不洁净的食物。

食物中毒

不吃腐烂变质的食物，吃了这些食物会造成食物中毒。

清洗饮水机

小朋友要提醒父母定期清洗饮水机，预防腹泻病的感染源产生。

读一读

饮水机

防蚊蝇

夏天里要注意灭蝇灭蛆，防止食品污染。

家是一个让人想到就觉得温暖的词，家是儿童成长的坚强后盾，是宝贝受伤时避风的港湾，从出生到懂事，家总是陪伴他们成长，我们常常把学校定位成儿童受教育、学知识的地方，其实家，才是他们受教育的第一站。

厨房里不打闹

小朋友不能在厨房玩耍，以免火炉、热锅、开水壶、刀叉等伤身。

读一读
火炉
热锅
开水壶
刀叉

不去偏僻处

小朋友不要独自去偏僻的被空置的屋子和僻静暗处。

陌生人

不可接受陌生人的礼物、请求，也不要把家里的地址、电话号码告诉陌生人。

远离小动物

当遇上狗、猫等动物时是非常危险的，不要引起它们对你的注意，不要看它，慢慢离开，不要跑。

读一读 狗 猫

求助警察

当小朋友独自一人在外被人跟踪时，要往人多的地方走，大声喊，引起别人的注意以便得到警察叔叔的帮助。

读一读 警察

拒绝拜访

如果小朋友独自在家，当有人敲门时，不管是不是熟人，为了保护自己都不能开门，请来人等爸爸妈妈回来后再拜访。

维持秩序

在运动和游戏时要有秩序，不拥挤推撞；在没有爸爸妈妈看护时，不能从高处往下跳或从低处往上蹦。

洗澡

　　洗澡前，当爸爸妈妈离开去拿毛巾等物品时，在澡盆旁站着的小朋友不要靠近，以免突然跌入热水中。

不触摸电源

在家中，小朋友不要触摸电源插座，更不要把手指伸进插座的小孔里，否则容易触电。

远离高危物品

当电风扇、洗衣机的脱水筒等在高速旋转时，小朋友千万不能用手或者其他物品去触摸，以防止受伤。

读一读 电风扇 洗衣机

屋内玩耍

如果室内的地板比较光滑，小朋友要防止滑倒受伤；需要登高时，要请他人加以保护，防止摔伤；如果家住楼房，特别是住在楼房高层的，不要将身体探出阳台或者窗外，谨防坠楼。

读一读
地板
阳台

学校安全事故频发，校园暴力和意外伤害已成为影响儿童健康成长的最大杀手，同时，楼梯踩踏、溺水、校车安全、教师体罚等常见的安全事故无时不在困扰着家长，影响着少年儿童的健康成长。因此，如何预防安全事故的发生，如何教会儿童安全防范的知识显得尤为重要。

课间活动

室外空气新鲜，课间活动应当尽量在室外，但不要远离教室，以免耽误下面的课程。

读一读 课程

外出活动

外出活动时，小朋友们要有组织、有秩序地列队行走；结伴外出时，不要相互追逐、打闹、嬉戏。

读一读　追逐　秩序

色彩鲜艳

    遇到雾、雨、雪天气时，小朋友要穿色彩鲜艳的衣服，以便在行走中让机动车司机尽早发现，提前采取安全措施预防意外事件发生。

夏天中暑

夏天户外运动时，如同伴中暑，要迅速将患者移至阴凉处平躺并解开衣物散热气。

请勿靠近

　　小朋友不要私自到河边玩耍及下水游泳；如果当同伴失足落水时，要立即就近大喊成人来抢救。

防冻伤

在寒冷的冬季外出活动时，常常会冻得手脚发僵。手脚冻僵了，千万不要在炉火上烤或者在热水中浸泡，那样会形成冻疮甚至溃烂。

读一读

冻疮
溃烂

课外运动

参加篮球、足球等训练时，要学会保护自己，不要在争抢中蛮干而伤及他人。

不入高危区

要远离公路、铁路、高压电线、水井、沼气池等，这些地方非常容易发生危险，稍有不慎，就会造成伤亡事故。

荡秋千

坐在秋千上时，双手要紧抓秋千的绳子，保持中心稳定，并尽可能将重心后移。只要绳子不断就很安全。

读一读 重心

剧烈运动

　　小朋友在户外参加过剧烈运动后，不要马上大量饮水、喝冷饮，更不要立即洗冷水澡。

不良场所

小朋友不要去网吧、电动玩具店等场所。

我国每年约有5万名15岁以下的孩子死于意外伤害，意外伤害还会让很多儿童留下伤残甚至是终身残疾，中国儿童意外伤害的发生率是美国的2.5倍，是韩国的1.5倍，且经调查，只有17%的父母接受过有关处理儿童意外伤害的基础培训或教育。

塑料袋窒息

小朋友不能拿一些东西当玩具，例如：把塑料袋套在头上吹气，导致窒息。

读一读　塑料袋

耳朵受伤

禁止小朋友用锐器掏耳朵，以免损伤了耳膜，导致外伤性耳聋。

泥石流

　　发现泥石流后，要马上与泥石流成垂直方向向两边的山坡上面爬，爬得越高越好，跑得越快越好，绝对不能往泥石流的下游走。

海啸

　　海啸来临前不要待在同大海相邻的江河附近。要立刻转移到高处，千万别等到海啸警报拉响了才行动。

读一读　海啸警报

火灾

当火灾发生时所产生的烟气大多聚集在上部空间，因此小朋友在逃生过程中应尽量将身体贴近地面匍匐或弯腰前进。

读一读 火灾 匍匐 弯腰

地震

在教室地震时，小朋友避于桌下或靠支柱站立，远离窗户。并用书包保护头部，切不要急着冲出门，请勿慌张地上下楼梯。

读一读

地震保护头部

龙卷风

龙卷风是一种强大的风暴。当它到来时，小朋友要牢牢关紧面朝旋风刮来方向的所有门窗，而相对的另一侧门窗则统统打开。这样可以防止旋风刮进屋内、掀起屋顶。

读一读 龙卷风